童话古生物丛书

丑九怪历险记

王小娟 著

国家自然科学基金项目（项目批准号：41120003，41290263）
资助出版

科学出版社
北京

内 容 简 介

本书以童话故事的形式,讲述一只身陷危机的微网虫(绰号"丑九怪")克服困难的历险过程,向读者展现了距今5.2亿年寒武纪大爆发中澄江动物群的大部分代表性动物的真实面貌。希望通过阅读这个故事,小朋友们能体会到自己在学习和生活中要有坚强、勇敢、乐于助人的精神。

本书可作为2~6年级儿童的科普读物,也可作为亲子读物。

图书在版编目(CIP)数据

丑九怪历险记/王小娟著. —北京:科学出版社,2014.6
（童话古生物丛书）
ISBN 978-7-03-040660-6

Ⅰ.①丑… Ⅱ.①王… Ⅲ.①古生物学－少儿读物 Ⅳ.①Q91-49

中国版本图书馆CIP数据核字(2014)第100984号

责任编辑:周 丹 张 洁/责任校对:蒋 萍
责任印制:肖 兴/封面设计:许 瑞/插画设计:陈 曦

科 学 出 版 社 出版
北京东黄城根北街16号
邮政编码:100717
http://www.sciencep.com

北京世汉凌云印刷有限公司 印刷

科学出版社发行 各地新华书店经销

*

2014年6月第 一 版　开本:787×1092 1/16
2014年6月第一次印刷　印张:6 3/4
　　　　　　　　　　字数:100 000
定价:29.80元
(如有印装质量问题,我社负责调换)

序 一

把亿万年前地球上的生命进化用深入浅出的语言表述出来，是一件有相当难度的事情。不少科学家嫌工作太忙、时间太紧或者表达不畅，会婉拒科普文章的写作邀请。如果把它写成浅显易懂的科幻小说拿给儿童看，或读给他们听，难度就更大了，写的人就更少了。《丑九怪历险记》的作者是一位年轻的古生物学者，经过努力撰写出版了这本科幻童话小说，难能可贵，可赞可贺。

作者用别样的方式，展现了5亿多年前生命进化史上最伟大的一次创造，即"寒武纪生命大爆发"。这次大事件诞生了赫赫有名的"澄江动物群"，这个动物群就产自我国云南省。30年来，中国学者在挖掘出大量精美的软躯体化石的基础上，锲而不舍，日夜研究，初步揭开了她的神秘面纱，把海洋动物史上最早期无比壮观的海洋生命景象栩栩如生地呈现在了世界面前，使人们知晓了当今世界多数动物门类的祖先早在5亿年前就诞生在了我们星球上。

在编写该书的过程中，作者花了很多时间、动了不少脑筋，试图用生动活泼的语言、曲折离奇的情节和五颜六色的彩图，把小朋友们带到远古时代；用科学性和趣味性激发他们的阅读兴趣，增长他们对古生物的好奇心。用讲故事的方式，告诉小朋友，世界是欢乐、美好和积极向上的，但也有悲伤、不悦和消极的东西，培养小朋友的耐心，让他们学会等待，遇难不怯、知难而进，坚持理想、不怕失败，因为只有不懈努力，才能获得成功。写到这里，我想起了黄山花岗岩裂缝里的松树种子，它们在日晒雨淋中，顽强执著、默默坚守、破土出芽，长成参天大树的情景。深切期盼通过这样润物细雨的方式，在幼小儿童的心灵里，种植生活的哲理，让它潜移默化，铸就人生；也希望陪读的家长能分享并拥有这份在古代海洋里遨游的优雅感受。

戎嘉余

中国科学院院士

序　二

　　有些事情看起来容易但真正做起来很难，写作可读性和趣味性强的科普书就是这样的。通过古生物化石向公众讲解地球生命起源和演化的历史是各国科普的热点，然而能完整、系统讲述这段漫长历史并且吸引公众尤其是青少年的作品却不多。所以，尽管王小娟多年前已出版过《两粒沙》，获得了好评，但这次《童话古生物》系列书还是让我眼睛为之一亮，孩子们可以从生命诞生的源头开始，沿着生命演化的地质历史长河，系统观看地球生命起源和演化的历史。

　　王小娟通过攻读硕士和博士学位，为自己打下了较坚实的古生物学基础；她刻苦勤奋，在完成本职工作的同时，还撰写科普书和一些科普专栏；她性格活泼，说话常有"鲜"词，写出的科普作品趣味盎然；她懂得扬长避短，在知识储备还不够时，创造性地以童话的形式给孩子们写科普，而没走通常大师们才能写好的高端科普之路。这些，让她创作了这套《童话古生物》。

　　当然，花儿能开是因为有滋养她的土壤。王小娟拥有极其优越的创作科普论著的学术环境：中国科学院南京地质古生物研究所有众多优秀的古生物学专家，做出了大量具国际影响的学术成果，王小娟的科普写作得到了包括院士在内的科研人员的热情支持，甚至还得到了兄弟单位中国科学院古脊椎与古人类研究所同行的帮助。

　　作为王小娟的博士生导师，我虽然因她没有继续深入学术研究而觉得遗憾，但更为她能写出有特色的科普书而感到欣慰。据我所知，《童话古生物》系列书中除了这次出版的4册书外，还有其他的介绍我国著名化石宝库如热河生物群等的计划，希望读者们能喜欢她用心写的有趣又不乏科学性的故事。

中国科学院南京地质古生物研究所副所长

目　录

序一

序二

一　天上掉下来个"丑九怪" …………………… 2

二　摸虫游戏后的危机 …………………… 12

三　奇怪的奇虾 …………………… 24

四　爬到"巨人"的肩上不容易 …………………… 34

五　海口虾的遭遇 …………………… 44

六　奇虾归来 …………………… 56

七　等待星口水母钵 …………………… 66

八　星口水母钵来了 …………………… 74

九　真正的巨无霸 …………………… 82

十　决不放弃 …………………… 92

致谢 …………………… 102

5.2亿年前的寒武纪早期，地球的陆地上还是一片荒芜，但海洋里却已经热闹非凡，几乎所有的现生动物门都有代表在寒武纪生命大爆发中涌现，还有一些形态奇特，无法归入任何已知动物门的动物。那些丰富多样的远古动物们构建了最早多姿多彩的动物世界，也形成了类似现代海洋的复杂的生态系统。

叶足类家族的微网虫既不会游泳，又不善行走，是那时金字塔式生态系统接近最底层的无名小卒。

微网虫要攀附在一种叫星口水母钵的触手冠动物身上，才能过上相对安全、且能吃饱喝足的好日子。有一个被叫做"丑九怪"的小微网虫，从星口水母钵的身上跌到了危机四伏的海底，等待它的将是怎样的艰辛历险呢？

一 天上掉下来个"丑九怪"

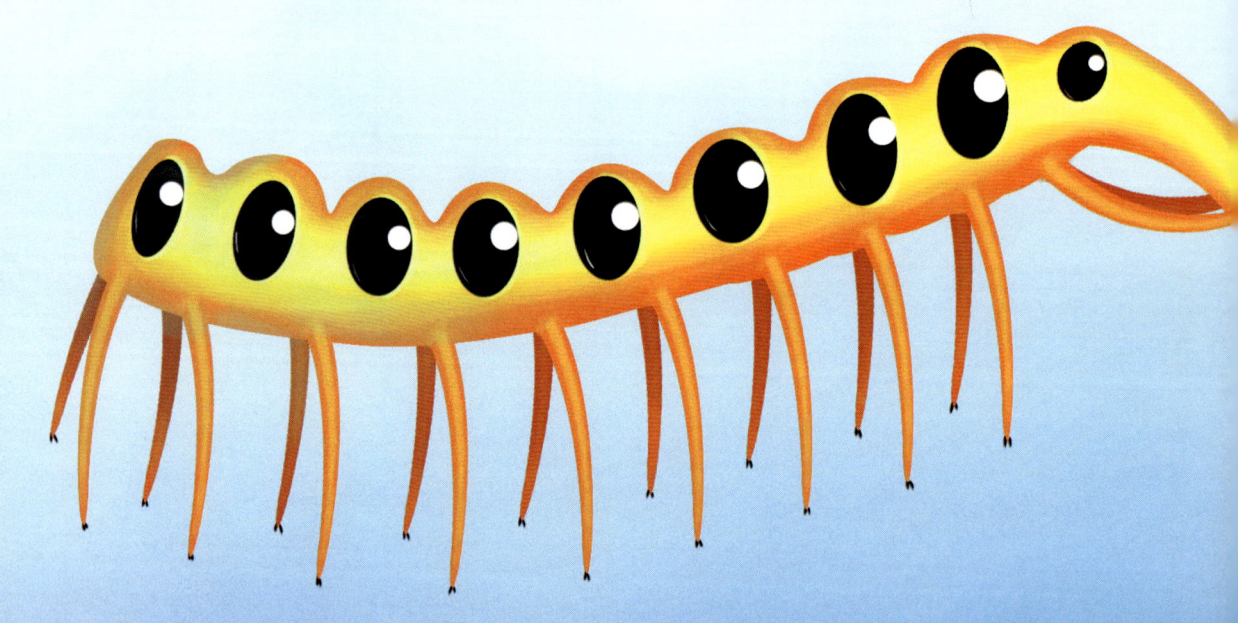

清晨，太阳缓缓越过地平线升起来，将温暖和光明送到大地上，也送到浅海。一群体长大多2~4毫米的耳材虾正聚集在一起讨论"大事"。

耳材虾可能为原始甲壳类的代表，由头部和躯干两部分组成。1对带柄的眼睛由头区前端的视节前伸，头甲略呈长椭圆形，为体长的1/4，具侧刺，侧刺之下有5对附肢。躯干由13个等形的体节所组成，每节具1对附肢。

耳材虾

耳材虾们的新问题

"一定要想办法改变现状,否则咱们耳材虾家族就完了!"为首的耳材虾个头最大,约有4毫米长,体型和一粒长粒米差不多。

"是啊是啊,"附和的耳材虾是个独眼,只有一只左眼,体长约3毫米,"为什么我们的天敌那么多,而且都是些胃口超好,食量超大的家伙呢……"

"别说废话了!"为首的耳材虾不客气地打断独眼耳材虾的话,"现在大家赶紧想想怎么应付那么多的天敌,保护耳材虾家族。"

"把他们全干掉！"虾群中最小的那只体长还不足2毫米的耳材虾大声叫道。

"怎么干？"为首的耳材虾问。

"我有个计划，让奇虾把天敌们吃光！当家的，你觉得呢？"独眼耳材虾建议时非常激动，独眼闪亮着。

"你别忘了我们也是奇虾的零嘴。"为首的耳材虾说。

"那就……"独眼耳材虾那只独眼上的光暗了一下后又亮了起来，"再让奇虾们彼此相斗，一起完蛋。"

"好主意！"为首的耳材虾赞道。

"妙呀！"

"太棒了！"

耳材虾们闹哄哄地连声附和。

"可怎样才能实施这个计划呢？"为首的耳材虾问。

耳材虾群顿时安静下来，没有一个开口说话的。

天上掉下来个"丑九怪"

突然，传来"啊——"的一声惊呼，一只微网虫不小心从其攀附的星口水母钵身上滑落，缓缓跌向海底。

耳材虾群一下乱了，四下逃散，独眼的耳材虾不慎被挤倒，被拥挤的虾群连踩了几下，好不容易爬起来，却正好被掉下来的微网虫压倒。

这只微网虫尚未成年，体长略过4厘米，可能比成人的小拇指稍短些，但要细很多。等到微网虫慌忙费劲爬开，憋气的独眼耳材虾立即破口大骂，"该死的死肥虫！丑八怪！不，应

微网虫属叶足类，是步行者的先驱。微网虫的身体像蚯蚓，头部长锥形，向前变细。躯干两侧具有9对表面具网状结构的矿化骨板。

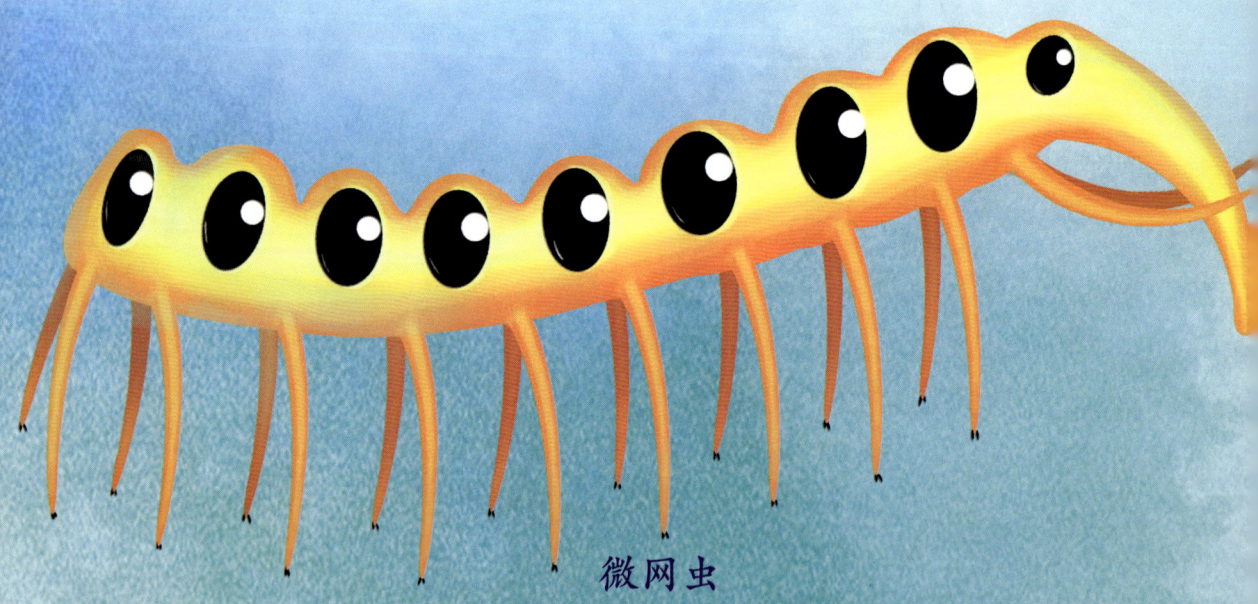

微网虫

该叫丑九怪！"

"丑九怪？谁？"微网虫吃了一惊。

"就是你！"独眼耳材虾站起来，怒气冲冲地挥舞着头部的附肢，摆出一副纵然你是个庞然大物，我也能将你大卸八块的姿态，"我跟你说，长得丑不是你的错，但你要出来吓别的动物就不对了！"

微网虫一声不吭，他一心想着如何找到安全的处所，最好是能重新攀附上一个在水中漂浮的星口水母钵。虽然他长了足有10双腿，但这些腿过于细长和柔软，并不适合行走，甚至都不能长时间直立站着。不过，由于每个腿尖都有两个爪子，适合攀附。

"没听到我的话吗？还是哑巴了？"见微网虫不答话，耳材虾更来气了。

海底钻出个安宁虫

不远处的海底，软软的泥面上突然冒出一个针尖大的东西，因为太小，让人难以察觉。这个针尖是一只安宁虫的翻吻的前部。翻吻是安宁虫身体前端包围着口，能翻出翻入的构造。

安宁虫是一种曳鳃动物，虫体细长，长约6厘米，由翻吻、躯干和尾附器组成。翻吻不发育，表面光滑，前端具环形长刺。咽细长，近基部的咽齿粗大，五边形排列，其余部分的咽齿细小，呈规则的斜列式排列。躯干细长，表面具约100条细密的横环，横环具向前倾斜的刺，刺的大小向躯干后端渐渐增加。尾附器细长，肠道直，肛门开口于躯干的末端。

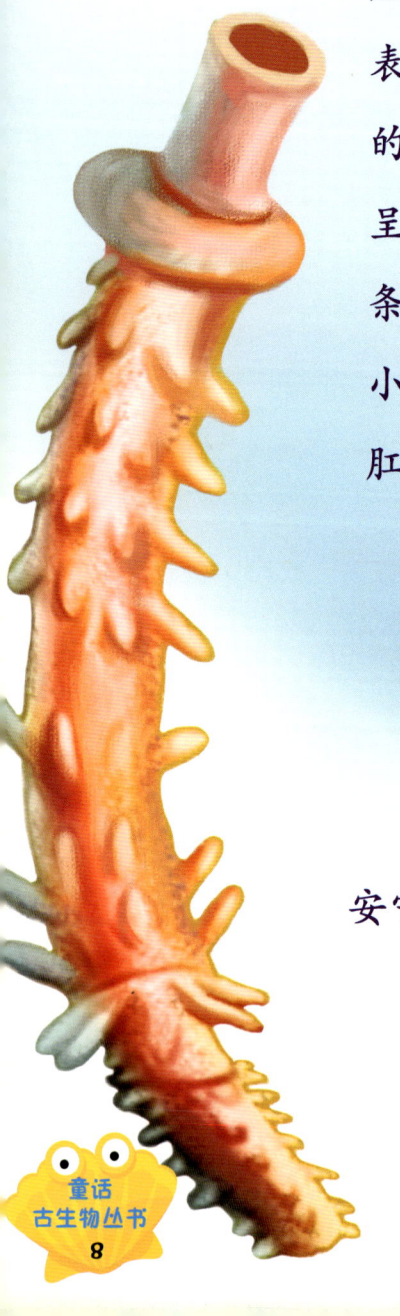

安宁虫

不一会儿,安宁虫已钻出大部分的翻吻,这下独眼耳材虾也发现他了。

"安宁虫!"独眼的耳材虾爬到安宁虫跟前问道,"你不躲在地底下,跑出来吓唬谁呀?"

"你是谁?"安宁虫反问。

"问我吗?我是你大爷呀!"独眼耳材虾气势汹汹地挥舞着头部的附肢,死盯着安宁虫的独眼显得格外冷峻。

"真没礼貌!你欠抽吧!"安宁虫有些生气了,立即张开翻吻前部环状排列的长刺,并加速往外冒。

独眼耳材虾见状,赶紧停止挥舞头部的附肢,边叫着,"吓唬谁呀,下次别让我再碰到你!"边赶紧躲到一个高和宽都约1厘米,和我们的指甲盖差不多大的钱包海绵身后,大气不敢出。

"哇哦!累死了!"安宁虫约6厘米长的全身都钻出海底,放松躺着,无力地叹道。

"喜欢叫苦叫累的,一定是懒虫!"说话的是一个像树一

高足杯虫

钱包海绵

样固着在海底生长的高足杯虫，树干状的固着柄长约4厘米，和微网虫"丑九怪"的身体差不多长。

"你又是谁？太无礼了！"安宁虫气呼呼地问。

"我是奇妙高足杯虫，刚才跟你开玩笑的。"高足杯虫边说话边张开花萼一样的萼片，使自己看起来像朵盛开的花，接着又翻转花托似的萼基把支撑杆插入海底，开始过滤摄食水中的微生物。

高足杯虫与现生的内肛虫相似，由一个管状固着柄和其上托着的萼组成。萼的基部环绕着18个相当于触手构造的萼片，萼片的内侧有纤毛，可从穿过萼片之间间隙的水流中滤取食物。

奇妙高足杯虫是高足杯虫中的一种，萼上长着细长片状的支撑杆，可以防止水流对取食锥产生的压力会使虫体倒伏。

二 摸虫游戏后的危机

泥沙里的不倒翁

"嘿，想稳稳当当地站在那儿就别再涮我了，否则我就把你扎根的那块地给挖空！"安宁虫叫道。

"哎呀，我正想换个地儿呢，请你一定要找准我的位置，别搞错了！呵呵。"高足杯虫不禁笑起来，花样的萼在水中微微颤动。

"你以为我没眼睛就找不着你？"安宁虫怒气冲冲地吼起来，"我严严肃肃地警告你，你要再说一句话，我会拿出把海底挖穿的力气，把你挖倒！"

"不要！"高足杯虫旁边的斗篷海绵和钱包海绵齐声尖叫。

"嘿嘿！"安宁虫正得意地竖起翻吻，但随即又倒下了。

"呵呵，你怎么动不动就倒在地上呢？"独眼耳材虾憋不住，开口了。

"什么动不动就躺倒了，我只有受了刺激才会倒下来！"安宁虫挣扎了一下，叹道，"我今天受到的刺激太多了，起不来了！"

"看你浑身软塌塌的，应该大部分时间都是倒着的吧？"独眼耳材虾问。

斗篷海绵　　　　　　　　钱包海绵

斗篷海绵体型较小，矮锥形，盘体直径只有5毫米左右。钱包海绵的块头和斗篷海绵一个级别，身高近1厘米，长得很像亚球状的钱包。

"我在泥沙里时，都是站着的！"安宁虫急得立起身子。

"谁信？有本事你就像现在这样一直站着好了！不，要全部立起来，就像拟小细丝海绵那样。"独眼耳材虾不理会。

"别扯上我！"旁边的拟小细丝海绵赶紧说。拟小细丝海绵长得像小丝瓜，高近10厘米，宽约1厘米。

"你这个超级大傻子！我在泥沙里站着时是绝对倒不下来的！"安宁虫嘴上虽硬，但身体却倒下了。

"谁信？"见安宁虫倒了，独眼耳材虾更加理直气壮了。

"好好用你的脑子想想吧，我的周围都是泥沙，不管我想往哪边倒，那边的沙子都绝对不会答应的！"安宁虫笑得都快岔气了。

拟小细丝海绵

有趣的游戏

"听起来还真有意思!"独眼耳材虾有点羡慕地说,"咱们一起玩游戏怎么样?"

"好啊好啊,玩什么呢?"安宁虫起劲地问。

"我有个好主意,那儿有个大球,喔,两个大球!咱们踢球玩吧。哎呀,你没脚!"独眼耳材虾遗憾地说。

"关键是,我没眼睛!"安宁虫强调说。

"哦,那你肯定看不出我是个独眼。要不,咱们玩捉迷藏的游戏,不过你可不要藏到地底下!"独眼耳材虾提议。

"关键还是,我没眼睛!"安宁虫嚷了起来。

"噢,好吧,我想想……咱们玩摸虫游戏,这个不用眼睛。"独眼耳材虾又有了新主意。

"好啊！好啊！这个我行！"安宁虫开心地将咽从翻吻中射出，要去"摸"独眼耳材虾，但什么也没摸到。

安宁虫便将咽收回到翻吻中再射出，如此反复了好多次，而独眼耳材虾却自在地在海底吃起了海水中水和沉积物间的絮状物，滤取其中的食物颗粒。

"摸到了！摸到了！"安宁虫终于"摸"到了一个路过的中华谜虫，激动得大叫。

中华谜虫

中华谜虫虫体小，长约1厘米。身体分为头、胸、腹三部分。头甲呈月牙形。头部具1对侧眼，1对触须，3~4对附肢。胸部有7节背甲，每节背甲有1对附肢。腹甲呈正方形，有2对侧刺、1个后中刺和5~6对附肢。

"你摸到的是谜虫!"微网虫提醒安宁虫。

"什么?"独眼耳材虾一个惊跳,独眼转了好几下,终于盯住了中华谜虫,然后长舒了口气,冲微网虫吼道,"喂,丑九怪,你能不能把名字说全了,中华谜虫和谜虫的差别可太大了!"

耳材虾

中华谜虫

微网虫

"哦，对不起！"微网虫赶紧道歉。

"不都是虫嘛，我摸到了！"安宁虫叫道。

"都是虫？只有你四、五分之一大的虫和足有你四、五倍大的虫，差别大不大？"独眼耳材虾反问道。

安宁虫没吱声，沉默了会儿，才发现中华谜虫已经跑了，又忙着"摸"起虫来，而独眼耳材虾则继续放心地埋头苦吃。

谜虫

危险来了

"快跑,始莱得利基虫!"微网虫很快发现危险来了,边说边迅速地爬到一个斗篷海绵上。

"什么?"安宁虫话音未落,已经开始掘地藏身了。

"始莱得利基虫!"微网虫重复了一遍。

"嗨,现在玩的不是捣乱游戏!"独眼耳材虾抬头嚷道。

"真的有始莱得利基虫来了!"微网虫大声叫起来,长腿又缓慢却不停地越过斗篷海绵,爬向斗篷海绵旁边的钱包海绵。

"在哪儿呢？"独眼耳材虾立即举起螯肢，以一副随时准备战斗的神态四处张望，很快便看到一只始莱得利基虫正连爬带游地往自己这边奔来。这只始莱得利基虫体长约10厘米，还有一个近10厘米长的尾刺，全长差不多有20厘米。

始莱得利基虫

始莱得利基虫是三叶虫家族的早期成员之一，虫体长卵形。头鞍向前收缩，固定颊窄，活动颊宽大，具很长的颊刺，眼叶长呈弯月形。胸区由15节背甲组成，在第9胸节中轴上有一长刺。尾区小，由3节背甲合并而成。

"呀!"看到体长有自己六七十倍的捕猎者,独眼耳材虾立即收起准斗士的神态,逃之夭夭。这时"丑九怪"微网虫的全身都已经藏到海绵丛中,并且正要攀向一个更高的软骨海绵。

见始莱得利基虫追向自己,独眼耳材虾慌了,眼看就要撞到自己打算玩的那个大球,赶紧往旁边一闪,却一个踉跄跌向高足杯虫的支撑杆,忙收拢前部的附肢,让自己搭得更稳一些。

"哎哟!"高足杯虫的支撑杆被独眼耳材虾一压,条件反射地竖起来,将独眼耳材虾直直地抛了出去。

"喔,真好玩,太刺激了!我简直不敢相信这是真的!"高足杯虫激动不已。

这时,始莱得利基虫正好扑了过来,他发现前方两个大球的下面突然出现了一个大洞,赶紧"急刹车",仔细看了一下,厉声叫着"救命啊"扭头狂奔!只见两个大球动了动后,"洞门"闭上了。

三 奇怪的奇虾

低调的巨无霸

"吃到了吗？"高足杯虫问。

"没。""洞"开了一下又合上了。

"你刚才稍微动一下就能吃到了。"高足杯虫说。

"除了嘴，其他的地方我都不想动，我就喜欢这样舒舒服服地待着，总有猎物送上嘴的。""洞"开开合合。

"哎呀，我从来没见过你这么懒的奇虾！"高足杯虫叹道。

"奇虾！"微网虫惊叫一声。

其实"洞"是一只奇虾的嘴！这只奇虾足有一米长，跟耳材虾、微网虫等比起来，体型绝对算得上"巨无霸"。不过他身体扁平且柔软，上面又盖了不少泥和藻类，如果不仔细看，根本看不出他的存在，刚才耳材虾看到并且差点撞上的"球"就是他的眼睛。

奇虾

奇虾身体扁平,呈流线型。一对带柄的巨眼长在头的背前方,前附肢固着在圆环形的口器两侧的前缘。躯干两侧具有11对具脉络状构造的桨状叶。扇尾由3对互相重叠的片状构造所组成,并有一对细长的尾叉由尾扇背中部向后伸出。

缓缓落地的独眼耳材虾并没有发现奇虾,也没注意到微网虫的话,不过出于对始莱得利基虫的害怕,他转了一下独眼后,立即翻身爬起来,拔腿就跑,却不小心撞上了一个壳体长锥形的偶线带螺(属软舌螺类)。这个偶线带螺有独眼耳材虾的两倍长,有一口盖和一对弯曲的附肢,动作远不及耳材虾灵活。

"嗨,我逃命呢,你在这儿挡道!上次逃命撞掉一只眼睛,再掉一只就死路一条了!"独眼耳材虾暴怒。

"对不起,对不起!"偶线带螺赶紧边让边念叨,"动作太慢,要是能把这身壳脱了,就不会这么笨重了。"

偶线带螺

有喜有忧的虫命

"要是你有脑子的话，就会明白长相是天生的，软舌螺家族的动物就要背着壳！"独眼耳材虾说完便接着跑，跑了几步又停住了，因为他发现追捕自己的那只始莱得利基虫没跟上来。

"你不知道我背得多累，真不明白老祖先怎么搞了这么笨重的壳，想爬得快点都不行，害得我们尽给三叶虫们那伙打牙祭了！"偶线带螺一脸愁苦。

"你要活得不耐烦了，就把壳脱了！"旁边的拟小细丝海绵插嘴道："就这值得抱怨吗，你不还可以四处转悠吗？看看我们海绵和高足杯虫，都是动物，却跟海藻一样，要固定在一个地方生活。虫的命，天注定，胡思乱想不顶用！"

"可你们海绵和高足杯虫的体型大呀,至少都是厘米级的,哪像我们,还在毫米级挣扎,尽被三叶虫欺负!"偶线带螺继续抱怨。

"你要长得大,肯定给三叶虫们垫背,你爬得慢,奇虾更容易逮着。"拟小细丝海绵说。

"就是,我就听到有只三叶虫说羡慕你们软舌螺家族的成员个头小,不够奇虾塞牙缝呢。"独眼耳材虾说。

"是啊,奇虾才是最可怕的,但他看不上我们!"偶线带螺恍然大悟,幸福感顿生,兴高采烈地走了。

不值得一吃

独眼耳材虾见始莱得利基虫没追上来,便回去找微网虫和安宁虫。

"喂,丑九怪,那个臭三叶虫呢?"独眼耳材虾在奇虾的嘴前停下来,大声问还在海绵丛中的微网虫。

"跑了!"

"哦,"独眼耳材虾马上开心地摆动起所有的附肢,"不用满世界乱跑了,真是太好了!"

不过,他很快便停下来,用独眼盯着微网虫说,"真的?"

"真的,被奇虾吓跑了。"

"是吗?如果有奇虾,你还能活着?"

"真的是奇虾。"微网虫和高足杯虫齐声解释。

"不可能!"独眼耳材虾用十分肯定的语气说道,"奇虾那么大,我会看不见吗?嗨,你们不要看我是独眼,就忽悠我!"

"真的!"一直没发声的奇虾开口了,掀起的水流使得可怜的独眼耳材虾站都站不稳了。

"啊!"独眼耳材虾看到了奇虾巨大的嘴,吓得尖叫一声撒腿又跑。

"别怕,我不会吃你的。"奇虾说。

"为什么?"独眼耳材虾停下来。

"不合算呀!"奇虾的眼睛动了一下,"你看你才多大,我从你身上获得的能量还不够我张一次嘴消耗的呢,呵呵。要是还要去捉你,那就亏大了!哈哈!"

奇虾大笑起来，独眼耳材虾立即被水流掀倒了，翻了好几个跟头才站住。包括微网虫在内的许多周围的动物都跟着笑起来。

独眼耳材虾恼羞成怒地挥舞着螯肢吼道，"你还真是个会算账的怪奇虾，等我把你在这里潜伏的消息告诉别的动物了，看你还能不能吃到现成的猎物！不要以为他们看不出你，旁边有个高足杯虫呢！"

"海里有多少高足杯虫呀!谁能认出我旁边的高足杯虫,那就成仙不用在海里混了,呵呵。"奇虾又笑了。

独眼耳材虾愣了一下,耷拉下螯肢灰溜溜地走了。

四 爬到"巨人"的肩上不容易

现在微网虫又开始琢磨怎样才能重新攀附上星口水母钵。恍惚间,他似乎看到远远的上方有几只星口水母钵漂游而过,忙竭力呼喊,"喂,喂!星口水母钵,星口水母钵!"

"太远了吧,根本听不到。站得高才能叫得远,要不你爬到那个最高的四层海绵上试试,软骨海绵也行啊。"奇虾好心建议道。

的确，虽然四层海绵和软骨海绵通常身高只有20~30厘米，但比起只有一两个厘米高的斗篷海绵和钱包海绵，他们算是实实在在的"巨人"。

微网虫觉得奇虾说得很对，可是要爬到"巨人"的"肩"上可不是件容易的事。

"你要不怕被我出水口处的骨针刺着了，欢迎到我身上来。"说话的四层海绵是附近的同类中最高的，足足超过30厘米。

"要是落到海绵的身体里面出不来，那就糟了！"高足杯虫深表忧虑。

"不管怎样，只要能让我攀上一个星口水母钵，什么危险都值得冒一冒。"微网虫说。

四层海绵

高足杯虫不给力

"嗨,你是……那什么……丑九怪吗?"高足杯虫支支吾吾地问道,"你愿意……让我……帮你吗?"

"你想帮我?可怎么帮呢?"微网虫问。

"我把你抛到软骨海绵身上,就像刚才抛……"

"抛耳材虾那样?噢,要是能那样,那就太好了!"

"想试试吗?我正想找机会重展雄风呢!"

"可是,你旁边的……"微网虫想到奇虾就在高足杯虫身边,又犹豫了。

"放心吧,只要不饿极了,我是不会为你这种小东西张嘴的。只要你不碰我的眼睛和痒痒肉,我保证就算你爬到我身上,我也不会动一下,更不会碰你半条腿。"奇虾马上表态。

微网虫立即高兴地爬到高足杯虫旁边,高足杯虫则把支撑杆插在紧挨着奇虾的海底上。

"这样行吗?弄不好要碰到奇虾身上了!"微网虫有些担忧。

"只有在这个角度,我才能把你抛到软骨海绵上。"高足杯虫强调说。

"你能看见?"微网虫吃惊地问。

"我们一起生活,我知道他的位置!"高足杯虫肯定地答道。

"我警告你,不要碰我的眼睛!"奇虾也有些紧张了,"其他随便!"

微网虫小心翼翼地从奇虾的尾部绕向高足杯虫的支撑杆，等到支撑杆处在自己的第4对和第5对腿之间后，再艰难地侧着向支撑杆上移。

"准备好了！"高足杯虫中气十足地说。

微网虫把身子轻轻往高足杯虫的支撑杆上一搭。

"还挺沉的，起！"高足杯虫高喝一声，但支撑杆却没能竖起来，准确地说，是根本没动起来。

"再起！"高足杯虫又高喝一声，支撑杆还是纹丝不动。

"哎呀，你这家伙要减肥了！"高足杯虫把支撑杆往固着柄那边稍稍一收，微网虫没有防备，一下趴到了海底上，费了好大的劲儿才站了起来。

海口虾帮倒忙

"有了！"高足杯虫突然兴奋地叫起来，"再试一次怎么样？"

"哎哟，这么快就行了吗？我还没来得及减肥呢！"微网虫显然不相信高足杯虫的话。

"这次一定行！"高足杯虫将支撑杆轻轻点在奇虾身上。因为奇虾的身上盖着不少泥沙，难以分辨身体的界线，所以微网虫并没发现。

"快来吧！"高足杯虫催道。

微网虫不好意思拒绝热情的高足杯虫，便将细长的头部放

到高足杯虫的支撑杆上部。

"快呀！"高足杯虫又催。

微网虫便小心地将第一对腿跨过高足杯虫的支撑杆，身体虽然接近支撑杆，但却没有靠上支撑杆。

"怎么回事呀？你不相信我吗？"高足杯虫有些不耐烦了。

微网虫又将第二对腿跨过支撑杆。

"嗨，你在玩什么呢？"问话的是和微网虫"丑九怪"差不多长的海口虾。

海口虾

海口虾显然没发现奇虾,在微网虫答话时,快速跑过来说,"有点意思,我来帮你一把。"

海口虾大大咧咧地站到了奇虾的身上,伸出原螯肢去托微网虫,但螯肢上的刺刺到了微网虫。微网虫痛得大叫一声,身体栽向高足杯虫的支撑杆。

"哎哟!"

发出叫声的不是高足杯虫，而是奇虾。他感觉到被刺了一下，不自觉地奋力往上游起来。

"起！"

高足杯虫赶紧高喝一声，去竖支撑杆，不过微网虫并没有被抛起来，而是滑过支撑杆，再次趴到了海底上。

奇虾背上的海口虾一下懵了，本能地用螯肢去抓紧奇虾的背，被刺的奇虾拼命将海口虾甩落下来，很快就游得不见了踪影。

五 海口虾的遭遇

"糟了,糟了!丑九怪,你还好吧?"高足杯虫内疚地问。

"丑九怪?这名字起得太棒了,微网虫刚好有九对骨板。"海口虾落到海底后,迅速爬了起来,发现微网虫一动不动地在海底上躺着,便跑到他身边喊道,"嗨,丑九怪,快起来吧!"

见微网虫没动静,海口虾又大叫,"各位,快来看看,见证奇迹的时刻到了,丑九怪摔死了!"

"怎么会发生这样的悲剧,丑九怪竟然摔死了!"高足杯虫懊丧地说,"都是我害了他。"

"谁摔死了?有动物摔死了?"尖叫的是钱包海绵旁边固着生长的先光海葵。先光海葵身体圆柱形,高约5厘米、直径

约 3 厘米，比 1 号电池略小，但下部稍粗，上部略小，口盘上有十几条触手。

"我还是第一次听说呢！噢，那真是奇迹！"先光海葵激动地挥动着触手，大有要拔起自己那圆柱形的身体去见证奇迹之势。

微网虫不想开口解释，便慢吞吞地站了起来。

"哎呀，你活了，我以为你被摔死了呢！"海口虾激动得想用原螯肢去抱微网虫，幸好及时收住，才没刺到微网虫。

"丑九怪，你没事吧？"高足杯虫问。

"没事。"

"真是太对不起了！"

"没关系。"微网虫终于站稳了。

"看来，你还是要老老实实地往上爬才行呀。"高足杯虫说。

"可是……怎样才能爬到最高的海绵上呢？"微网虫犯起了愁。

娜罗虫称霸王

"我有个好主意!"一只在一旁看热闹的海口虫建议,"你可以先爬到钱包海绵上,然后再攀到先光海葵的身上……"

"不要啊,我害怕!"钱包海绵旁边的先光海葵惊叫。

海口虫没搭理先光海葵,继续说道,"接着,你从拟小细丝海绵上爬到矮些的四层海绵上,最后再爬到最高的软骨海绵上。"

"喔,不愧为有脑子的虫,这个主意真的很棒,不过太可怕了!"海口虾叫起来。

"是啊,我还没爬就觉得晕了!不过也只能这样了。"微网虫说完,就开始行动。

"我可不愿见证你的失败。"海口虫摇摇身体游走了,而海口虾则在一旁若无其事地观看微网虫艰难爬行。

海口虫

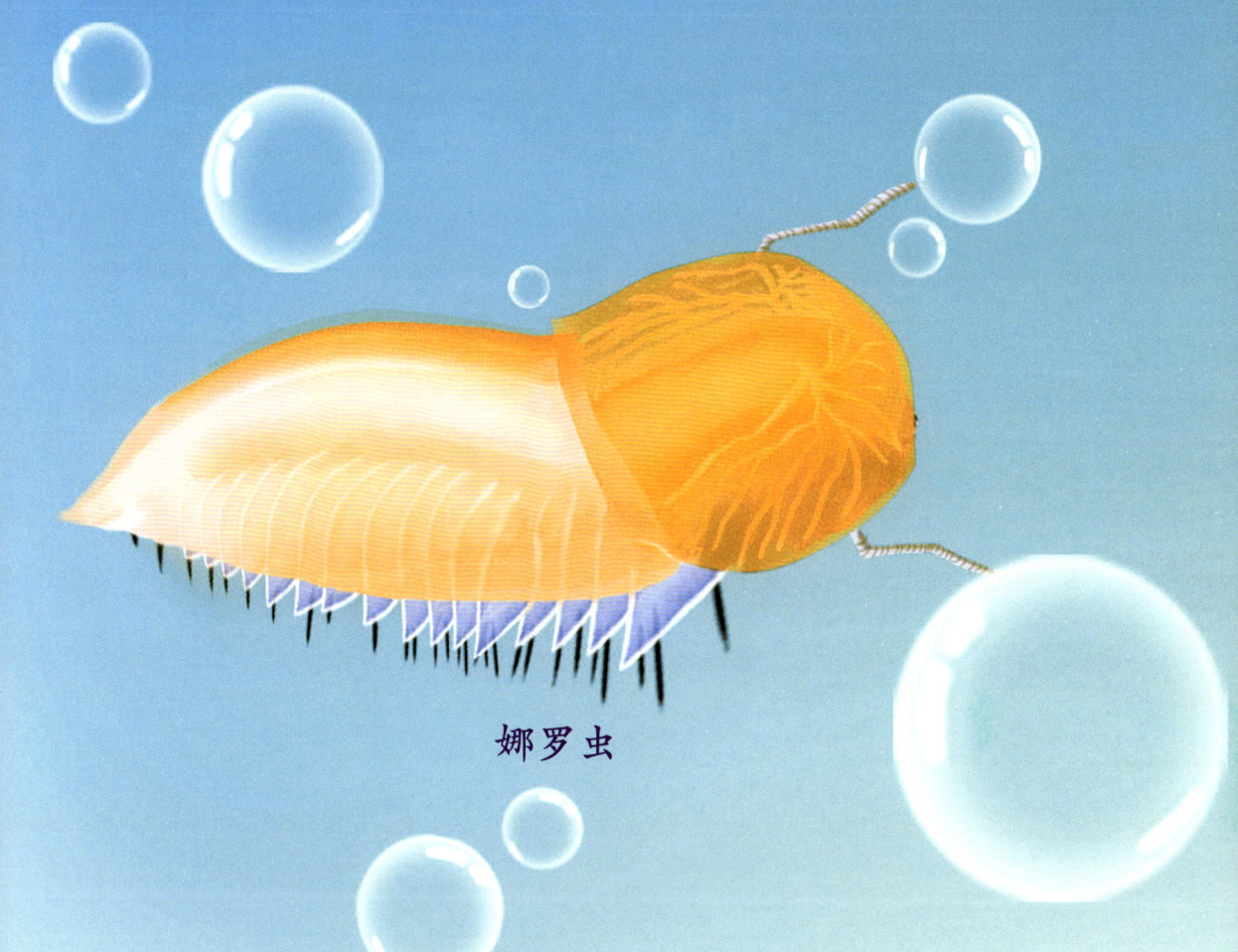

娜罗虫

"三叶虫逃了,奇虾跑了,天下是我的了!"

一只体长约3厘米,比海口虾略短的娜罗虫边爬边快活地唱着,差点没撞上海口虾。

娜罗虫虫体由头区和躯干两部分组成,没有真正的眼睛,不过位于唇板前沿的前器具有视觉功能。背甲长椭圆形,头甲向后延伸披盖在躯干之上,形成很宽的重叠部。头甲半圆形,具侧刺。触须细长,鞭形,多分节。

"谁呀?没长眼睛呀!"海口虾生气地嚷起来。

"你不是长了眼睛吗?那应该能看到我是娜罗虫呀。"娜罗虫不客气地回敬道。

"小小的娜罗虫,敢说天下是自己的,真是无知者无畏呀!"海口虾挥舞着带刺的原螯肢说,"我都不敢那么说,害怕给奇虾听见了。"

"不要以为我没有眼睛,就看不出这儿藏的奇虾游走了。"

"就算奇虾不在这儿了,也轮不到你嘚瑟呀。我这……我这虾还没发话呢!"

"唉，你以为我是白痴吗？名字里有个虾字就了不起吗？前面没有奇字，啥虾都白搭。"

"那……抱怪虫，也就是巨虾……和拟背脱虾呢？"

"它们都是奇虾家族的成员呀，不过这个世界还真有点怪，有些虫和虾的确是一家。嗯？"娜罗虫突然看到一群小昆明虫，顾不上和海口虾拌嘴，急忙连游带爬地去捕捉猎物。

小昆明虫是一类微型节肢动物，大小约2~4毫米，身体被双瓣壳所覆盖。前端具一圆形眼脊，后端有一长形脊状突起。虫体前端与双瓣壳融合，中后部不与壳连接。第一对附肢为短棒状。

小昆明虫

到手的猎物跑了

娜罗虫好不容易才逮到一只小昆明虫,又颇费了点劲儿才把小昆明虫的两个壳打开,正要大快朵颐,两只带刺的螯压住了小昆明虫的一个壳。

是海口虾!

"咱们可不是一家的。"海口虾边说边准备去抢食。

娜罗虫愤怒地松开猎物,冲海口虾吼道,"死馋鬼,有本事自己抓去!"

海口虾赶紧把两只螯举向娜罗虫,双方对峙起来。小昆明虫见状,连忙趁机溜了。

"看你干的好事!"娜罗虫发现猎物没了,抓狂地用头去撞海口虾,"我跟你拼了!"

海口虾吓得赶紧闪到一边,并快速地跑开了。

"被小个子欺负,丢咱们原螯肢动物的脸!"旁边一只正在慢游的始虫见状叫道。

"抢小个子的食物,就更丢脸了!"和始虫结伴而行的尖峰虫也跟着附和。

海口虾不好意思争辩,憋了一肚子气,决定赶紧抓个猎物挽回面子。他仔细地搜索了一下,发现了一群川滇虫。

尖峰虫

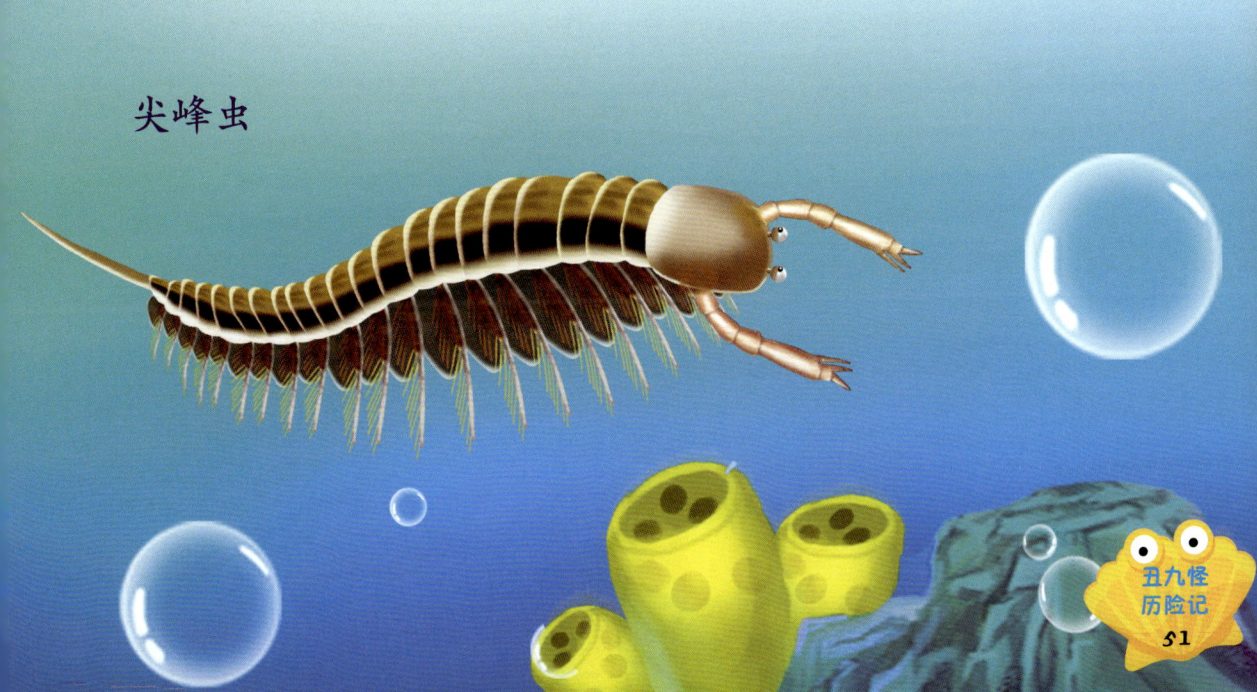

始虫

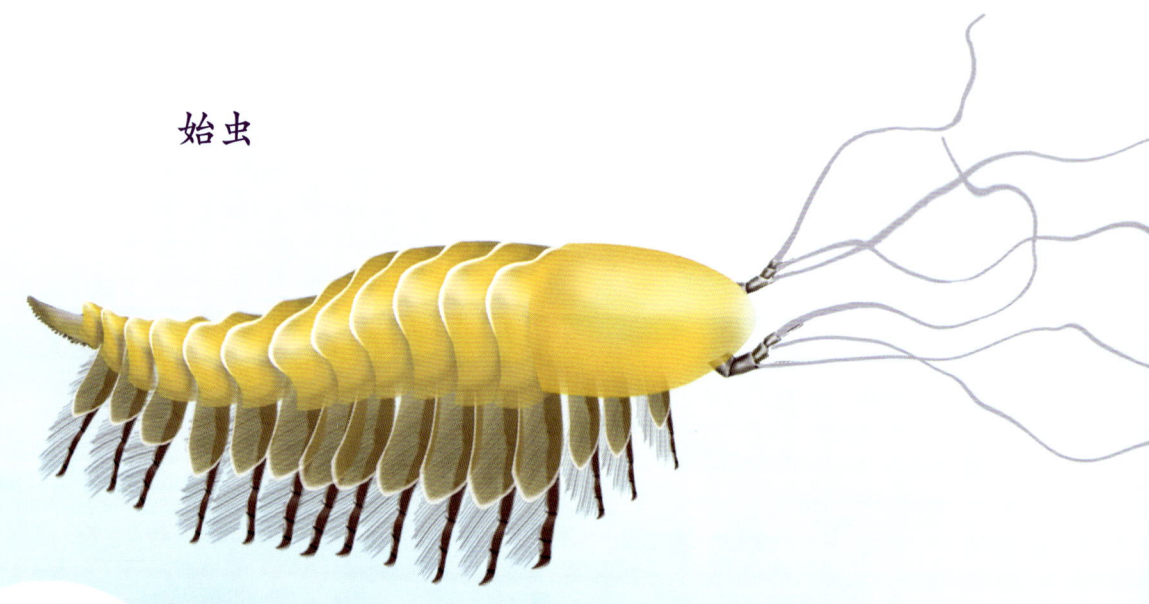

始虫虫体小，细长，长1~3厘米，分为头和躯干两部分，末端具桨状的尾板。头甲短，前端尖窄，具2对带柄的眼睛，位于头部的前腹缘。螯肢由柄和螯所组成：柄短棒状，由2节组成，螯由4节短的螯节所组成，螯节上长有长须。

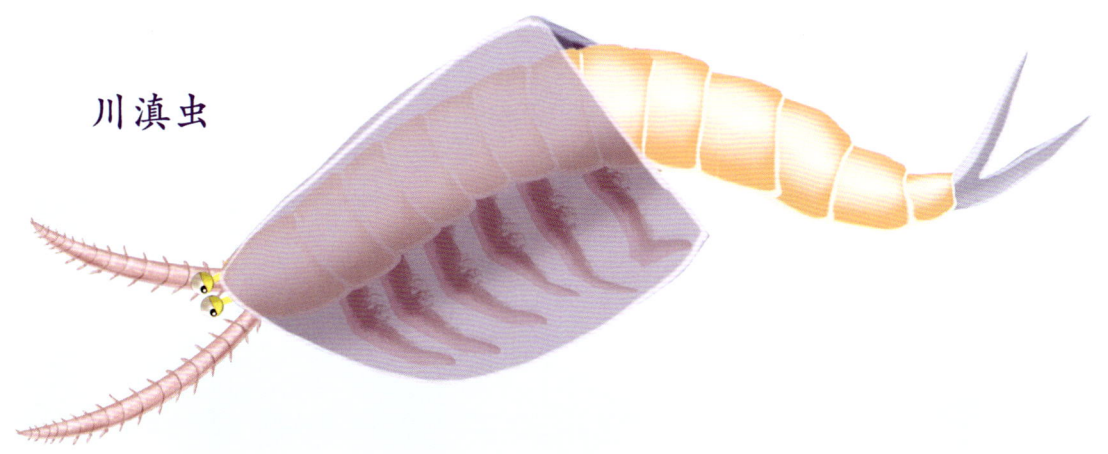

川滇虫

　　川滇虫的甲壳双瓣壳状,两瓣之间以中褶分开,长7~15毫米。虫体仅前端与甲壳连接。1对触须和1对带柄的复眼从甲壳的前边缘向前伸出。腹部末端具1对大型三分节的尾扇。

海口虾遇上巨虾

海口虾慢慢地向川滇虫们靠近，在离他们不远的地方停下来，专注地盯着，伺机捕捉大意忘形的粗心虫。很快，有几只川滇虫游经海口虾的上方。

"就是他了！"海口虾瞅准其中的一只川滇虫，奋力游起来正要用螯肢去攻击川滇虫的腹部。突然，从身后冲出一个巨大的身躯，把海口虾的头和背狠狠地撞了一下。

巨虾

海口虾愣了一下,见就要到手的肥食没了,自己还被撞得头昏眼花的,当即勃然大怒,挥舞着螯肢要找夺食者算账,但当他看清夺食者时,吓了一大跳!

撞到海口虾的是一个一米多长的巨虾。巨虾是奇虾的亲戚,又叫抱怪虫,特征与奇虾相似,但体型较宽,前附肢较小,由多达14个的肢节组成。

现在海口虾气势汹汹的劲儿已经荡然无存了,他懦弱地呆立在原地,看着巨虾用前附肢左右夹持捕食川滇虫,不知该怎么办才好,甚至连逃跑都忘了。

等巨虾游远了,海口虾才缓过神来,看到微网虫正站在钱包海绵上。微网虫犹豫地望着旁边的先光海葵,他已经攀过两次先光海葵,但都被先光海葵奋力挥舞的触手撂了下来。

六 奇虾归来

　　海口虾正要问微网虫怎么回事，却见一只奇虾游了过来。这只奇虾正是那只原先潜伏在高足杯虫旁边，又把海口虾从背上甩落的家伙。海口虾不禁打了个颤，一声不吭地快速隐藏到海绵丛里。一只正在边游边哼着小曲的等刺虫发现奇虾后，立即合起双壳，整个身体直直地从水中落向海底，正好压到海口虾身上。

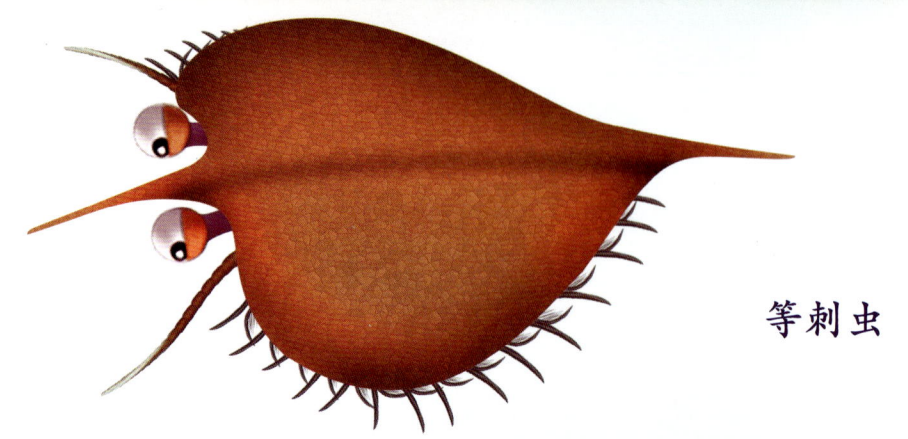

等刺虫

微网虫遇险

"嗨,我想我可以帮你!"奇虾说。

"什么?"微网虫吃了一惊,"难道你要带我去找星口水母钵?他们哪敢让你接近呀!"

"我有个好主意,你爬到我背上,然后我游到软骨海绵上方,你再从我身上下来不就行了嘛。"奇虾说。

"哎呀,这个主意真妙!"高足杯虫夸道。

奇虾立即歇到钱包海绵身边,耐心地等微网虫爬到自己的背上后小心翼翼地游起来。他轻松地游到杯状的软骨海绵的上方。

微网虫激动万分,从奇虾身上奋力往下一跳,落到软骨海绵出水口处时,他想用腿攀住口壁,却滑落了。

"救命啊!"微网虫嚎叫道。

"哦!"奇虾想去救微网虫,可已经来不及了,只能眼睁睁地看着微网虫落入海绵腔中。

奇虾的"绝技"

就在奇虾和高足杯虫、海口虾都在为微网虫着急叹息时,突然又传来"啊"的一声惊叫,只见微网虫被软骨海绵从出水口喷射出来。

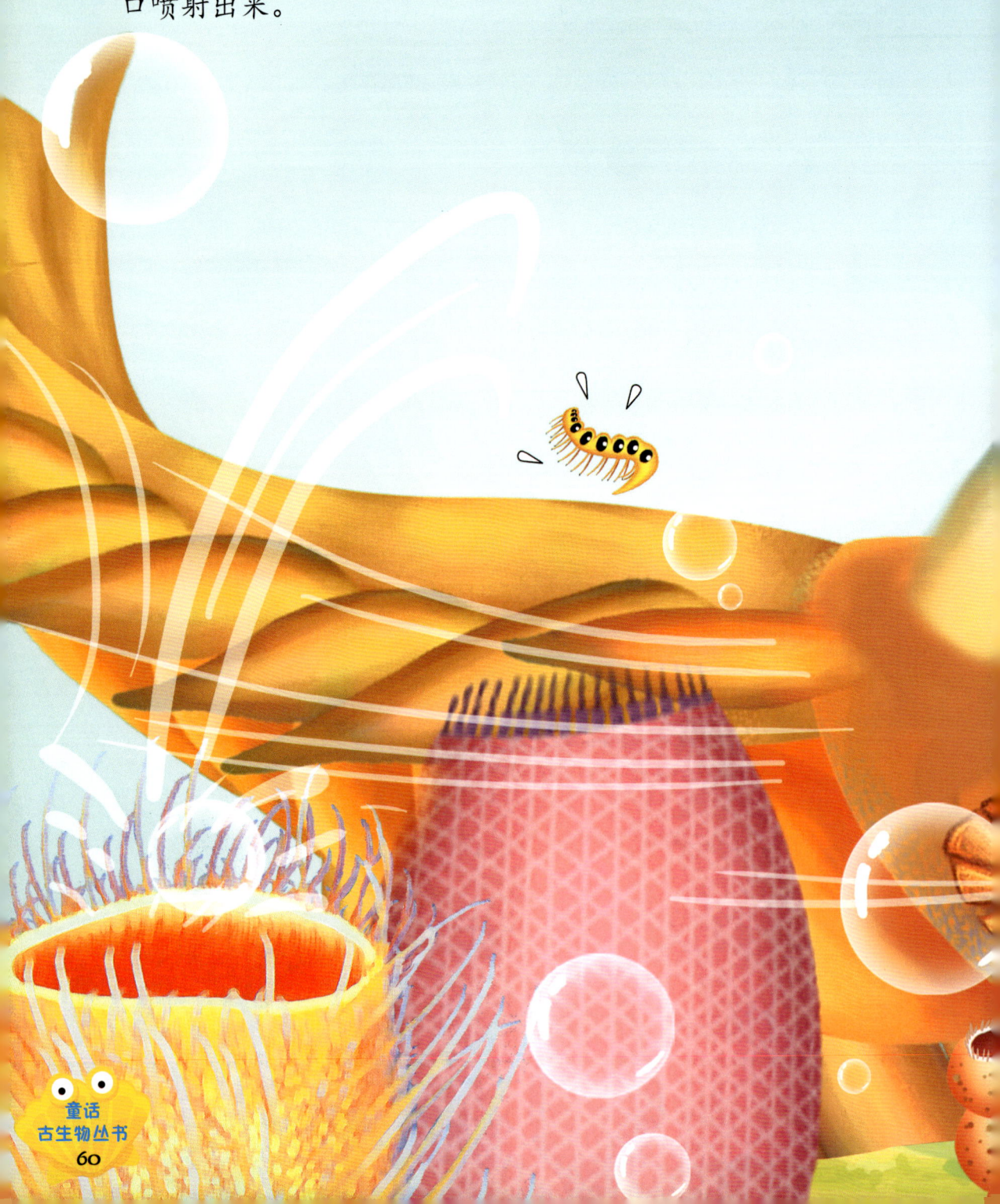

奇虾立即极速游过去，让微网虫稳稳地落在自己的身上，周围看到的动物们都欢呼起来，连一直默不作声的海口虾也跳起来，推开等刺虫，从海绵丛中探出头来大叫"太棒了"。

"怎么回事呀？"高足杯虫看不见，着急地问道。

一只长约3厘米的昆明鱼慢慢地游到高足杯虫旁边，刚好看到奇虾接住微网虫的那一幕，瞪大眼睛叹道，"绝技！绝技！我见过的最精彩的绝技，简直不可思议！"

"到底是怎么回事？"高足杯虫吼起来，萼片不住地抖动。

昆明鱼回过神来，把刚才看到的情景告诉高足杯虫。

"真刺激！"高足杯虫听完后羡慕地说，"如果我不用固着生长，也可以试一试了。"

奇虾得意地带着微网虫游了一会儿，忽然叫道，"对了，应该这样！"

"怎么了？"微网虫紧张地问。

"我应该游到软骨海绵的旁边，让你爬到他身上而不是跳到他身上。"

"对对，这样我就能抓住出水口的边缘了。"

说干就干，奇虾小心翼翼地游到软骨海绵旁边，尽量让背部和海绵出水口处等高。

"哎呀，又要玩什么新绝技了！"昆明鱼看到微网虫试图避开软骨海绵身上的向上伸出体外的骨针往出水口上爬，赶紧告诉高足杯虫。

"怎么玩的？"可怜的高足杯虫又着急了。

昆明鱼便告诉高足杯虫微网虫正努力往软骨海绵身上爬，然后纳闷地说，"这个微网虫还真真是很奇怪，不在星口水母钵的身上呆着，却爱和奇虾一起玩软骨海绵。"

"这你就不知道了吧？"高足杯虫卖了个关子，但还没等昆明鱼开口问，便急忙说出微网虫为什么要往软骨海绵身上爬。

昆明鱼出主意

"这个主意也太笨了吧,这样做根本没用!"昆明鱼说。

"那该怎么办呢?"

"直接去找星口水母钵来帮忙带上微网虫就行了!"

"哎呀!对呀!你赶紧去告诉微网虫和奇虾吧。"

"我可不敢靠近奇虾。"

"那……我们请海绵帮忙传话吧。说什么呢?"

"直接去找星口水母钵。"

当软骨海绵旁边的四层海绵把话传到时,微网虫刚把第一对腿搭到软骨海绵的出水口上。

"喔?"奇虾一愣,身子不由往下一沉,微网虫的身体没有了依托,挂向软骨海绵,被软骨海绵的骨针刺到没覆盖骨板的身体,痛得大叫。

昆明鱼

奇虾赶紧用桨叶去把微网虫托了下来,又引起围观动物们的欢呼。

"这主意真好,谁想到的?"奇虾问四层海绵。

四层海绵身旁的拟小细丝海绵立即主动"交代",最后把奇虾引到高足杯虫那儿,昆明鱼赶紧游开。

高足杯虫说完是昆明鱼的主意后,奇虾立即游向昆明鱼,昆明鱼吓得没命地游起来,恨不得能长上一百个鱼鳍。

奇虾见状便不再追赶,而是大声问道,"昆明鱼,你能告诉我怎样才能找到一个不怕被吃的星口水母钵吗?"

"噢，真是聪明过头了！"昆明鱼不由乐了，停下来喘了好几口气，说，"我去找吧，不过你最好要离得远点。"

奇虾忙大声叫道，"记住，在高足杯虫旁边，叫'丑九怪'的微网虫！"

奇虾游到高足杯虫旁边，把微网虫放下来，然后不无遗憾地说，"在等星口水母钵来之前，我还是早早离开比较好，祝你好运！"

七 等待星口水母钵

微网虫的安慰

见奇虾游远了，海口虾立即从海绵丛中溜到微网虫身边。

"哦，等待是最无聊和难熬的，在星口水母钵来之前，我全权负责陪你。"海口虾热心地说。

"还是我陪比较好。"高足杯虫觉得海口虾漠视自己，有些不高兴。

"哦，我总忘了你们和海绵也是动物。"海口虾抱歉地说。

"我们都处在这个社会的底层，被遗忘是很正常的！"高足杯虫感慨地说。

"不对吧，你好歹也是个虫呀。"一只经过的抚仙湖虫插嘴道。

"对呀，处于最底层的是那些藻类和细菌。"微网虫说。

抚仙湖虫

"唉，它们连动物都算不上，生来就是被吃的命。不过我刚才说的的确不够严谨，应该说，我们处在动物社会的底层。"高足杯虫说。

"你这么一说，我觉得活着都没意思了，咱们都在底层！"海口虾叹道。

"你不一样，还能吃别的小动物呢。"微网虫赶紧安慰海口虾。

"有什么不一样的，除了奇虾，咱们都是被吃的命，被吃前还得为不被饿死费尽力气。"抚仙湖虫说完便游走了。

海怪虫的惊人之语

不一会儿，又来了只海怪虫，看微网虫和海口虾都在发愣，便大声喊道，"喂，你们待在那儿一动不动的，是不是中邪了？"

"哦，我等星口水母钵。"微网虫解释说。

"我也是。"海口虾赶紧附和。

"什么？看来你们真的中邪了！"海怪虫惊叫。

"是这样的！"高足杯虫赶紧简单地告诉海怪虫事情的缘由。

"怎么能相信那些有脑子的鱼呢？"海怪虫晃动着两个大眼球。

"是昆明鱼。"微网虫说。

"不管是鱼还是虫，只要有脑子的，大多都是骗子，要不然他们长脑子干什么？"海怪虫以十分肯定的语气说，"你看着吧，昆明鱼不可能真的帮你找星口水母钵，你最好不要相信他的话。"

海怪虫

星口水母钵出现了

"来了来了!你们看!"微网虫突然激动地叫起来。

远远的上方,几个身体透明的盘状动物缓缓浮游而来。

"真的来了,快看!快看!"海口虾也看到了,高兴地想去抱微网虫,看到螯肢上的刺,只好忍住了。

"是星口水母钵吗?"高足杯虫兴奋地张开萼片。

"是!"微网虫和海口虾齐声答道。

"星口水母钵!星口水母钵!"等星口水母钵游近了,微网虫和海口虾一起大声喊起来。

星口水母钵

　　星口水母钵是一种外形像水母的触手冠动物，体径最大可达11厘米，一般为5~7厘米。触手冠构造为口终端延伸的一对多分支的触手。钵体柔软，呈伞盖状，由背部辐射排列的细管所支撑。钵体的主体部分是顺时针旋转的囊状体，消化腔位于囊状体的背部。

　　"叫我们吗？"有一只星口水母钵问道。星口水母钵的口在身体下方的中央，说话的时候，口周围的许多柔软细长的触手一直摆动着。

"是啊,是我们托昆明鱼帮忙找你们来带上微网虫的。"海口虾说。

"有这事?我不知道。"星口水母钵将信将疑。

"那……你能带上我吗?"微网虫问。

"不行不行!"星口水母钵忙不迭地说,"带上你会影响我的舞姿,看我现在的动作多轻盈呀!哦,我要赶紧走了,要不然就掉队了。"

星口水母钵边说边加紧游起来,去追赶自己的同伴们。

"我说得没错吧!"海怪虫说完,得意地爬走了。

昆明鱼的嘱托

沉默了一会儿,高足杯虫问,"你们说,能等到星口水母钵吗?"

"可能……能吧……"微网虫有些犹豫地答道。

"你相信昆明鱼?"海口虾开始怀疑,"要不,我去帮你找星口水母钵吧。"

"噢,你打算把最无聊和难熬的陪伴撂给我了?"高足杯虫打趣地问。

"什么话,要是你能去找星口水母钵,我乐得在这儿待着。"海口虾不客气地说。

"你也要找星口水母钵?你……微网虫……是不是叫'丑九怪'?"一只云南虫经过,好奇地问。

云南虫

"是！是！"海口虾抢先答道，"咦，你怎么知道的？"

"有个昆明鱼跟我说，如果遇到星口水母钵，就请他帮忙带一个在高足杯虫旁边的微网虫，叫'丑九怪'。我没遇到星口水母钵，倒是先发现你们了。"云南虫解释完，便游走了。

"有希望了！"高足杯虫高兴地说。

八 星口水母钵来了

"又来了一只！"很快，海口虾发现一只星口水母钵缓缓漂来，高兴地叫起来。

微网虫也发现了新来的星口水母钵，不过想到刚才的遭遇，他没有做声。

"嗨，你是叫'丑九怪'的微网虫吗？"星口水母钵终于游近了。

"我……"微网虫迟疑了一下才说，"是！"

"我是受古虫之托来接你的。"星口水母钵说。

"古虫？"

微网虫和海口虾你看看我，我看看你，都不明白是怎么回事。

"是古怪的虫吧？"一只加拿大虫经过，插了一嘴。

"不是古怪的虫，是古虫，他说是一只昆明鱼找他们帮忙的。"星口水母钵边解释边歇到海底。

加拿大虫

"滚开点，讨厌鬼，你挡着我吃东西了！"一个潜伏在海底软泥下的小舌形贝，正张开两个只有壳口在海底之上的壳在进食，刚好被星口水母钵压住了，急得大叫。

星口水母钵赶紧游开，停到小舌形贝旁边。

微网虫迫不及待但又动作缓慢地爬到星口水母钵身上，小心翼翼地站到星口水母钵身体中央的那个囊状体旁边，然后跟海口虾和高足杯虫告别。

"再见了，丑八怪，珍重！"海口虾和高足杯虫都明白以后可能再也见不到这只微网虫了。

"抓紧了啊！我要游了！"星口水母钵提醒微网虫后，正要起身。

"等等！等等！带我一起走吧。"

是小舌形贝在叫喊，不知什么时候，他的身体已全部钻到了海底上，能看出他的壳呈圆三角形，比我们的指甲盖略小。

不等星口水母钵答应，小舌形贝便不客气地用长长的肉茎（足有壳的15倍长）"抓"住星口水母钵。

"你也要离开这儿？"星口水母钵问。

"嗯，要是可能的话，带我离开这个弱肉强食的世界吧。"小舌形贝并不急于把自己的壳挪到星口水母钵身上。

星口水母钵几乎贴着海底缓缓地游了起来，并将原本下垂的钵体的周边向上扬起，看起来像一只帽沿上翻的美丽水晶帽。

海口虾突然发现微网虫离星口水母钵身体中央的囊太近了，

小舌形贝

赶紧大叫,"丑九怪,当心别掉到那个洞里!"

突然,海口虾的身体被什么撞了一下,不由"哎哟"叫了一声。

是小舌形贝垂下的壳体,不仅撞了海口虾,接着又碰到了高足杯虫的萼片。

"对不起!对不起!"小舌形贝连声道歉。

星口水母钵越游越远，海口虾渐渐看不清微网虫了，只见小舌形贝的肉茎牵着垂在星口水母钵身体下方的壳体，看起来像有长带子系在"水晶帽"上，时不时还在星口水母钵低游时"亲"一下海底。

"做一个微网虫也蛮好。"海口虾有些羡慕地喃喃道。

"哦，如果有下辈子，我想做个有眼睛的动物！"高足杯虫说完，翻转萼基把支撑杆插入海底，开始滤食。

微网虫站在星口水母钵的身上，长长地舒了口气，接着便畅快地从星口水母钵的体液中汲取食物。

星口水母钵遇见了一只轮盘钵，便问道，"请问你看到这附近有星口水母钵群吗？"

"那边好像有。"轮盘钵挥挥触手指示方向。

星口水母钵顺着轮盘钵指的方向奋力前游，果然很快就遇见了一群星口水母钵。

"你们好，我叫'飘飘'，能加入你们吗？"星口水母钵大声问自己的同类们。

"你想加入我们?"星口水母钵群中为首的最大的星口水母钵问。

"是的。"星口水母钵"飘飘"解释,"我和以前的群体游散了。"

"那得看你能不能追上我们。"为首的星口水母钵高呼,"伙伴们,快游啊!"

星口水母钵群使劲往前游,"飘飘"奋力追赶,不一会儿就追上了星口水母钵群。

"好样的,欢迎你加入我们。"为首的星口水母钵热情地说。

"刚才要是追不上是不是就不能加入?"微网虫悄悄问星

口水母钵"飘飘"。

"那当然了，没有哪个群体愿意接受一个会拖后腿的同类。"小舌形贝抢先答道，不知什么时候，他已经把壳体安置到星口水母钵"飘飘"身上了。

星口水母钵"飘飘"加入星口水母钵群后，安然和同类们一起不紧不慢地游着，微网虫也放心地开始四处张望，发现"飘飘"旁边的星口水母钵上有只体长约2厘米的怪诞虫一直在埋头吃喝。

"嗨，怪诞虫，你个头这么小，还一直吃喝，不怕把肚皮撑破吗？"微网虫兴致勃勃地问。

怪诞虫没答话。

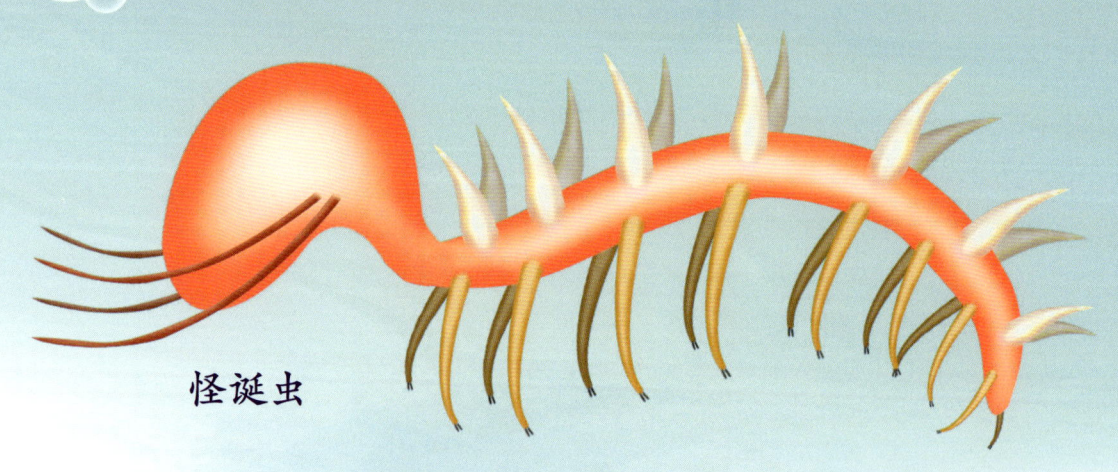

怪诞虫

强壮怪诞虫虫体长2~3厘米，头区由亚球形头和"细颈"两部分所组成，"颈"部有2对细长的附肢。躯干圆柱形，具7对背侧刺和8对细长不分节的腿，腿尖有爪。

"真怪，难怪叫怪诞虫。"微网虫觉得无趣。

"丑九怪，你自己不好好吃喝，反倒管起别的虫子的闲事了。"小舌形贝教训微网虫道。

"我怕吃胖了'飘飘'背不动我，等我长大了，可能会有现在的两倍长呢。"微网虫解释道。

"难不成你还想一辈子呆在我身上吗？"星口水母钵"飘飘"问。

"要是你不反对的话，呵呵。"微网虫不禁笑了。

"真没出息！"小舌形贝说完后开心地唱起来，"做个小舌形贝多么好！可以潜居在海底下，又能躺在海底上，还能漂浮在海水中！如果做个日射水母贝，那只能老老实实固着在海底，哪能像现在这样到处流浪？"

"生活真美好！"微网虫愉快地叹了口气，安然在星口水母钵"飘飘"身上打起了盹。

九 真正的巨无霸

"啊！"微网虫突然惊醒。

一群栉水母出现在离微网虫不远的地方，有帽天栉水母和中华栉水母。帽天栉水母大些，体长约3~4厘米，长有8个扇叶体。中华栉水母小些，体长约2~3厘米，只有4个扇叶体。这些栉水母是通过纤毛的拍打来进行运动的，纤毛使它们十分平稳，能悄无声息地接近目标而不被发现。

微网虫一叫，栉水母们赶紧游远了。

"怎么了？"星口水母钵"飘飘"赶紧问道。

"出什么事了？"为首的星口水母钵也来关心状况。

栉水母俗称海胡桃，多营浮游生活。栉水母一般呈椭圆形或球形，具辐射排列的栉板，栉板上的纤毛沿横向排列，栉水母通过纤毛的反口向拍打向口极方向游动。

帽天栉水母

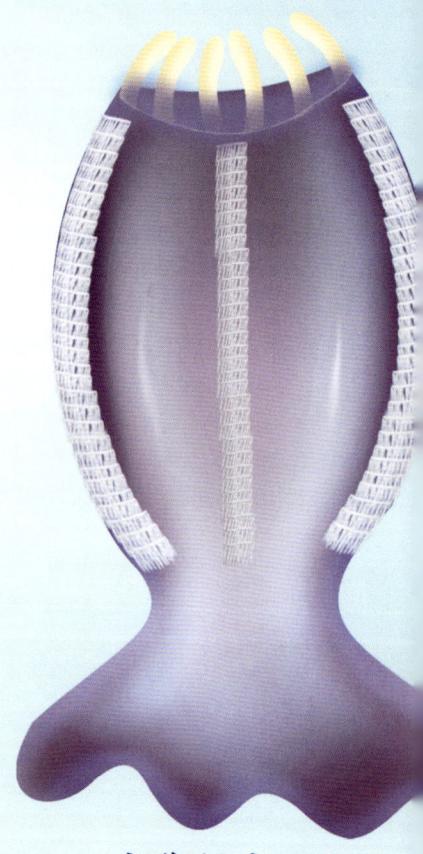

中华栉水母

"好多栉水母。"微网虫说。

"噢——"星口水母钵"飘飘"舒了口气。

"大家都放心,不是奇虾,尤其不是拟……"

"别说出来,我害怕!"怪诞虫所攀附的星口水母钵大叫起来,打断了为首的星口水母钵安慰同类的话。

"对不起!"微网虫很不好意思地道歉。

"没关系,栉水母就爱神不知鬼不觉地活动,会冷不丁地吓别的动物一大跳。"为首的星口水母钵说。

"鬼鬼祟祟的捕猎者!"一只星口水母钵插嘴。

"贪婪的食客!"另一只星口水母钵补充道。

"但我们不用害怕他们。"为首的星口水母钵说。

"我们害怕奇虾!"怪诞虫所攀附的星口水母钵说话时身体不由抖了抖。

"嗨,你们害怕奇虾就害怕好了,干吗大声叫唤,搞得我也过不安生。"不远处的一只正悠然游着的古虫不满地抗议。这只古虫长近10厘米,体型奇特,前部大,近椭圆形;后部细,呈桨状;全身都被分节的外骨骼保护。

"你全身都有盔甲保护,还害怕奇虾吗?"微网虫问。

"害怕?何止呀,是极度害怕!"古虫强调说,"我这身装备对付小的捕猎者还行,碰上奇虾的牙就不堪一咬了。"

"不要再说了,我都快崩溃了!"怪诞虫所攀附的星口水母钵厉声喊起来。

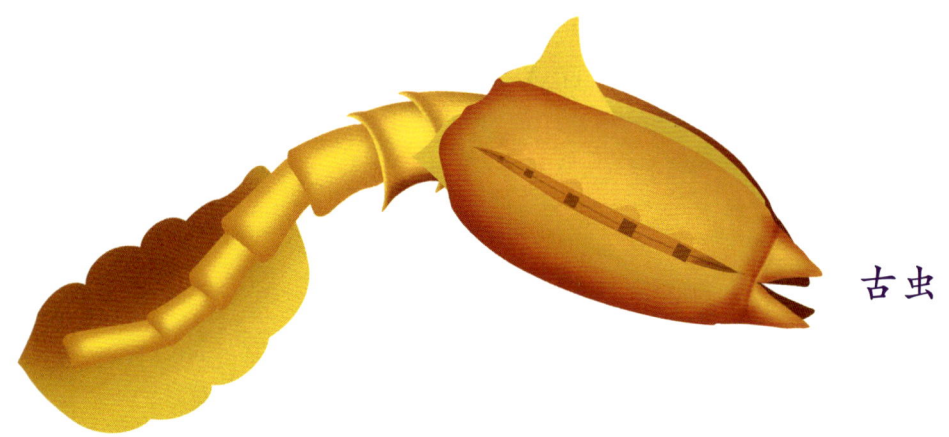

古虫

　　古虫动物体一般长5~7厘米，最长可达20厘米，全身被分节的外骨骼保护。口位于身体前端，没有眼睛。身体呈奇特的二分构型：前部膨大，分为5节，每节具1对鳃裂，外骨骼由4个骨片组成；后部呈桨状，横断面由圆形向后逐渐变为扁平，分为7节，由7个互相叠套的骨片所包裹，前6节近等宽，最后1节比其他节宽。

　　"大家都不要太紧张，奇虾不是无处不在的。"为首的星口水母钵安慰同类。

　　"也不是无孔不入的。"一只星口水母钵附和。

　　"虫的命，天注定，胡思乱想不顶用！快乐地生活吧，世界多美好，我喜欢得要歌唱了，啦啦啦……"古虫边唱边自在地游走了。

星口水母钵群继续往前游,有好一段路程中都没碰到什么动物。

"我觉得有些不对劲。"微网虫说。

"有什么不对的?"星口水母钵"飘飘"问。

"我从来没有这么长时间什么动物也看不到的。"微网虫说。

"那不正好,省得碰到奇虾。该死,我怎么又说这两个该死的字了!"怪诞虫所攀附的星口水母钵说,"怪诞虫,下次我再说奇虾,你就用爪子狠狠地抓我。"

"好的。"这次,怪诞虫开口了。

微网虫正要去跟怪诞虫搭话,却发现下方突然冒出一个巨大的身躯。

"拟背脱虾!快往旁边游!"微网虫使劲用腿上的爪抓星口水母钵"飘飘","飘飘"立即使出全部力气奋力往旁边游。

说时迟那时快，拟背脱虾的直径大约有一只筷子那么长的圆形口器眨眼间就出现在微网虫眼前，星口水母钵们惊呼着四处逃散。

怪诞虫所攀附的星口水母钵被拟背脱虾一下咬住了钵缘，疼得直叫，他扭转钵体拼命挣扎。怪诞虫完全惊呆了，下意识地抓牢星口水母钵。

"怪诞虫，赶紧往下跳！"微网虫看到怪诞虫所攀附的星口水母钵身体斜倾，大声叫道。

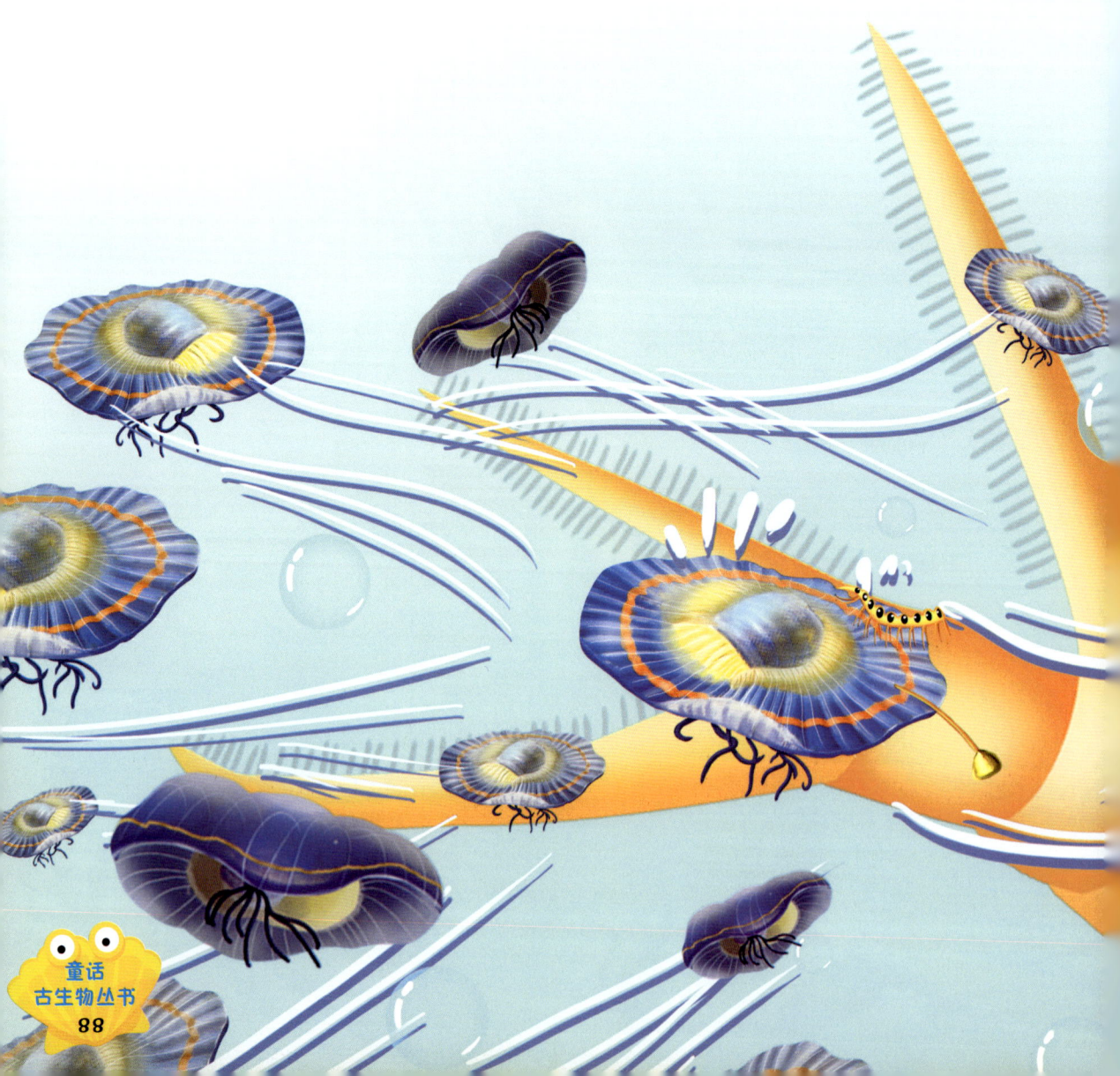

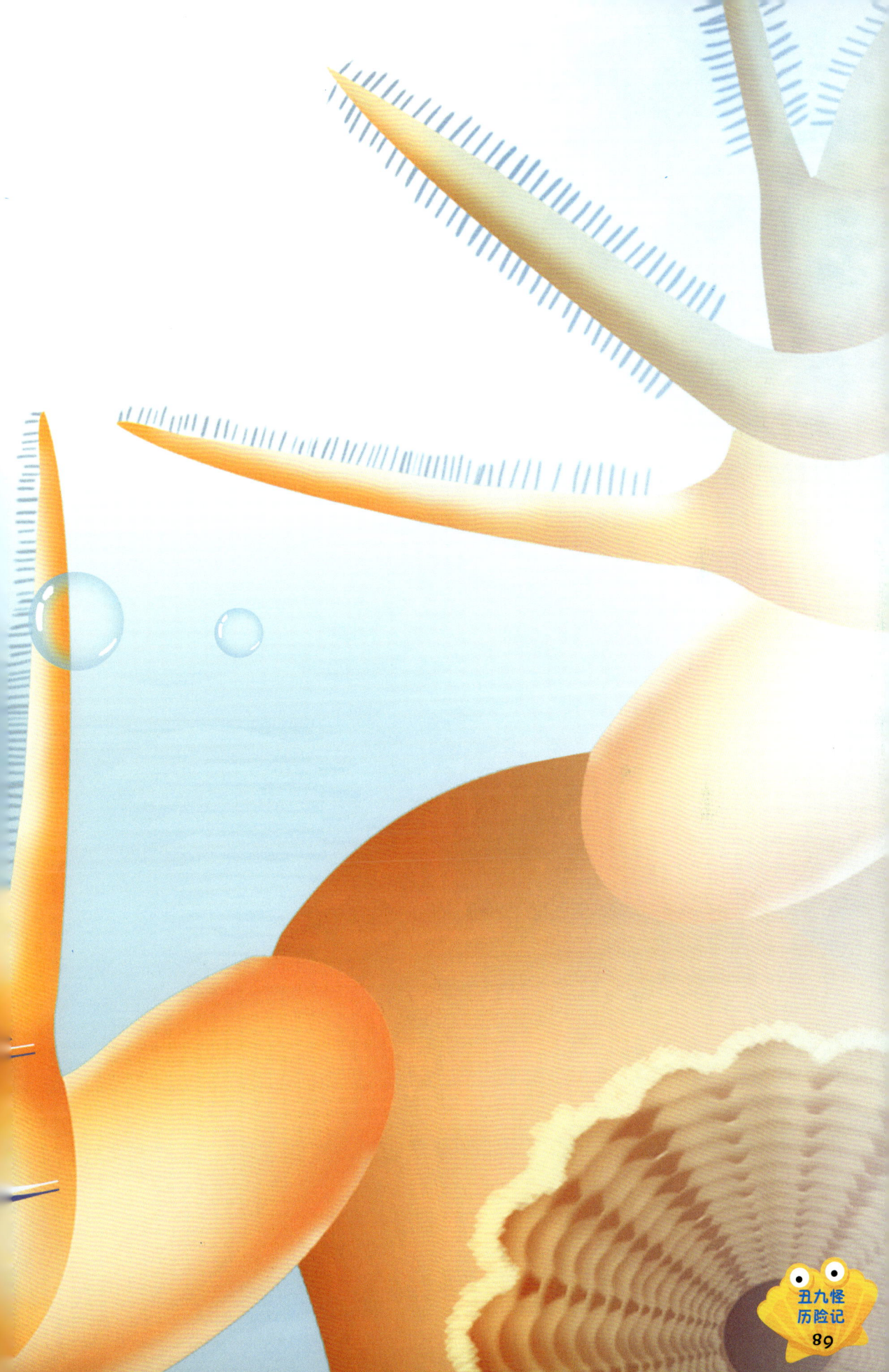

怪诞虫赶紧松开爪子，缓缓下落。而拟背脱虾则快速游走了，长达2米的巨型身躯掀动大片水流……

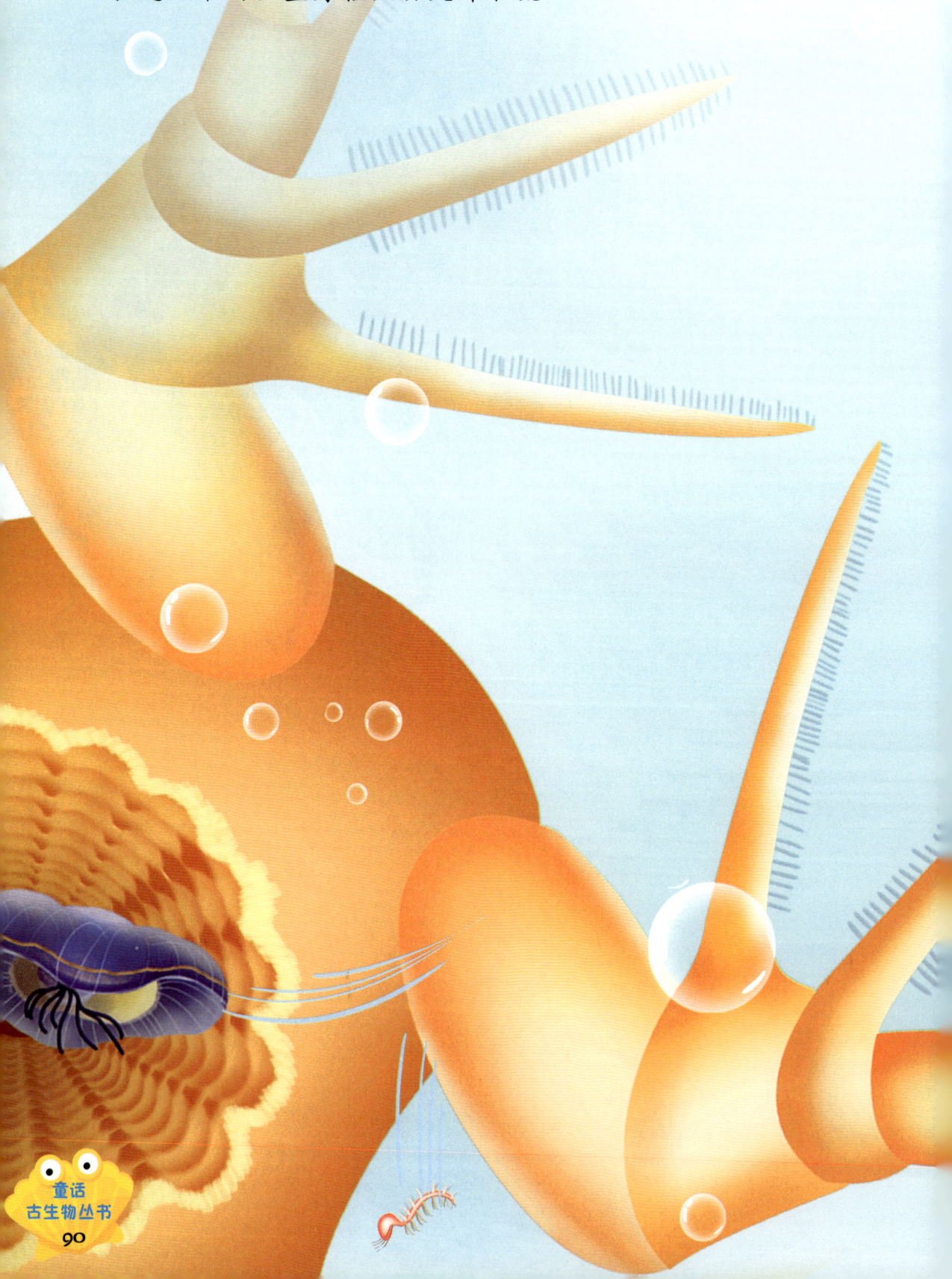

直到实在没有力气了，星口水母钵"飘飘"才放慢游速，微网虫也才发现小舌形贝不在"飘飘"身上。

"小舌形贝不见了。"微网虫说。

"哦。"

"也看不到拟背脱虾了。"

"可他们……"星口水母钵"飘飘"顿了一下，叹道，"无处不在！"

"也许小舌形贝说得对，只有离开这弱肉强食的世界才能找到安乐。"

"我听说海边的陆地上什么也没有。"

"真的吗？我要去那儿生活，你能带我去吗？"

"哎呀，我离不开水呀！这样吧，我送你到离海岸比较近的地方。"

"太好了，对了，我还想带上刚才掉下的怪诞虫，行吗？"

"什么？"

微网虫只好重复了一遍请求。

"你不想活了？"星口水母钵"飘飘"叫了起来，"我们也会被拟背脱虾吃了的！"

十 决不放弃

"拟背脱虾已经不在那个地方了。"微网虫"丑九怪"宽慰星口水母钵"飘飘"。"

"那，也许会碰上奇虾，或者巨虾。"星口水母钵"飘飘"还是害怕。

"不管我们去哪儿，都可能会碰上。"

"你为什么非得要帮那个怪诞虫？"

"因为我知道在海底等待重新攀上星口水母钵时有多焦虑。"

"那……"星口水母钵"飘飘"犹豫了好一会儿，才说，"好吧。"

当微网虫指引着星口水母钵"飘飘"来到怪诞虫落下的地方时，发现怪诞虫还躺在海底呢。

"怪诞虫，你怎么一直在这儿躺着，不怕死呀？"微网虫问。

"怕呀，怕有什么用，不能攀上星口水母钵，早晚也是死路一条。"怪诞虫说。

"那你在这儿躺着就能攀上星口水母钵吗？"微网虫又问。

"那你说我该怎么办呢？"怪诞虫反问。

"爬到我背上来吧。"星口水母钵"飘飘"说。

"喔，太好了！"怪诞虫立即兴奋地爬起来，尽快爬到星口水母钵"飘飘"身上。

寻找没有奇虾的乐土

"现在，咱们去寻找没有奇虾的乐土吧。"星口水母钵"飘飘"兴奋地加快速度往海岸边游去。

"有那样的好地方？"怪诞虫惊喜万分。

"听说海岸边的陆地上什么动物都没有。"星口水母钵"飘飘"说。

"那……有吃的吗？"这次，微网虫意识到了麻烦。

"当然……可能也没有啦。"星口水母钵"飘飘"说。

"那……我们还去吗？"微网虫迟疑地问。

"去吧，去吧，先看看情况。"怪诞虫积极地说，"再说，饿死也比吓死或者被奇虾生吞了强。"

等游到离海岸不远的地方时，星口水母钵"飘飘"半浮出海面，让微网虫观察陆地的情况。

"飘飘，陆地上看起来的确什么动物也没有，但也没有水，你能在那儿游泳吗？"微网虫问。

"当然不能了。"星口水母钵"飘飘"说。

"那我们只能老老实实地待在海里了。"微网虫说。

"咱们俩不是有脚吗？可以在陆地上走呀。"怪诞虫说。

"但是……"星口水母钵"飘飘"想了想后说，"我觉得太冒险了。我听说我的一些同类被海浪冲到海滩上后，就没能活着回来。"

"去没有奇虾的地方怎么会冒险呢？"怪诞虫没听到微网虫回应，便说，"不合适咱们再回来呗。"

突然，一阵海浪过来，把星口水母钵"飘飘"向海滩上冲去，怪诞虫大叫一声，"飘飘"则赶紧拼命往回游，差点没被搁在海滩上。

陆地上根本不好玩

等海水稍稍平静下来后,微网虫发现星口水母钵"飘飘"和怪诞虫都不在了,自己正躺在离海滩不远的地方。生平第一次离陆地这么近,微网虫觉得有些激动。犹豫了一会儿后,他决定到陆地上去瞧瞧,于是迈步向岸上走去。虽然走路对微网虫来说是件不轻松的事,但他还是觉得似乎越走越轻快了。

潮水又涨上来,将微网虫向海滩上冲去。潮水回退时,微网虫使劲站立住,当他的背终于稍稍露出水面时,他突然觉得身体一沉,腿支撑不住了,被潮水又带回海里。

幸好,还在离海滩很近的地方。他挣扎着站起来,慢慢地走着试试,发现只要身体一露出水面,就会变重。

"唉,看来我是没法离开水站着了。"

微网虫遗憾地朝岸上看看,打算往回走。突然他发现,离海水只有一点点距离的海滩上,好像躺着……喔,躺着的好像是……怪诞虫!

"哎呀,他是不是爬不起来了?要是那样的话,我得想办法帮帮他!"

微网虫以最快的速度向怪诞虫走去……离怪诞虫越来越近,突然他觉得身子一沉,再次跌倒。

"嘿,怪诞虫,你怎么了?"

"我站不……起来了!"怪诞虫扭动了一下,艰难地说,"身体好像……被沙子吸住了。"

"怎么办？嗯……有了！如果下一次潮水来，你就抓紧站起来，拼命往海里走，或许有点希望。"

"能行吗？"

正说着，又有潮水过来，微网虫再次被冲向海滩，他发现潮水的力量太大，很难在潮水中站起来……

当潮水退去时，微网虫发现自己的身体一半在水里，一半在海滩上，但他已经无法再爬起来了。而怪诞虫与自己近在咫尺，只不过依旧是全身都在海滩上。

"根本不行……完了！"怪诞虫绝望地叫道。

"先别慌，想想办法。"

"能有什么办法呢？我根本站不起来，更别说走到水里了。"

微网虫想了想后说，"我们必须在潮水涨上来时尽量抓牢这个地方，趁潮水不再往岸上冲时站起来往回走，才有可能乘

着退潮的水回去。"

"这可能吗？"

"不知道，但不试试肯定不行。"

终于回来了

很快，新一轮的潮水又来了，微网虫赶紧翻身用爪子抓紧身下的沙地，在潮水不涨时站起来拼命往回走。

他成功了！退潮的水把微网虫卷进了海里……

一切平静后，微网虫发现自己躺在似曾相识的、有水的海底上。

"嗨，你这个大懒虫，在这儿躺半天了也不起来！"一只独眼耳材虾挥舞着螯肢气势汹汹地冲微网虫吼道。

"你是不是……和安宁虫玩过摸虫游戏？"微网虫问。

"你是……丑九怪？"独眼耳材虾的独眼一亮，然后乐了。

微网虫"丑九怪"又回到危机四伏的海底了,无疑将要遭遇种种困难,不过现在我们不必像故事开始时那样为他担心了,因为相信他会勇敢地去面对接下来的挑战。

困难不可怕,可怕的是畏惧困难。想想我们自己,是不是很像现代的"丑九怪"呢?在生活、学习、工作中总遇到这样那样的麻烦,甚至身处逆境,最好的选择还是克服困难,战胜逆境,做个勇敢者。

致　　谢

　　首先要感谢黄迪颖研究员帮助修改动物特征的说明部分，感谢《科学大众》杂志社的张洁帮我修改标题并做了文中的小标题。

　　感谢画功非常扎实的插画师陈曦，我们常在QQ上沟通修改图，她的快速反馈常令我惊叹。另外，她对我的要求总是不厌其烦，以至于有的地方我觉得还不够满意，但最终都不好意思再叫她改了。我想，看过我以前作品的读者，很可能会发现这次的插图比旧作好很多，而忽视了其实我写的故事也比以前棒了。

　　感谢我的导师王向东研究员一直以来给我的帮助和支持！感谢陈旭院士总是鼓励和帮助我写作科普书并给我许多有益的指点！感谢戎嘉余院士在工作上给予过的帮助，使我能方便地接触到更广泛和前沿的古生物学知识。

　　衷心感谢我的父母王坚先生和姜桂英女士对我的培养，母亲还曾帮我看护女儿，父亲现在还常给我做合口味的饭菜。也要深深感谢外婆周宝英女士曾照顾我多年，给我夏的凉爽和冬的温暖。

　　最后要特别感谢我的女儿胡珈，给我妙不可言的爱、被依恋的幸福、不管多累都有坚持的勇气和力量。